弗洛伊德与鱼的对话

〔法〕马里翁·穆勒-克拉尔 著

〔法〕娜塔莉·诺维 绘

胡庆余 译

人民文学出版社
PEOPLE'S LITERATURE PUBLISHING HOUSE

著作权合同登记号 图字 01-2020-2287

Le professeur Freud parle aux poissons
©Les petits Platons,Paris,2014
Design:Yohanna Nguyen
Simplified Chineses edition arranged through Dakai Agency Limited

图书在版编目（CIP）数据

弗洛伊德与鱼的对话 / (法) 马里翁·穆勒-克拉尔
著；(法) 娜塔莉·诺维绘；胡庆余译. -- 北京：人
民文学出版社, 2022
（小柏拉图）
ISBN 978-7-02-016681-7

Ⅰ.①弗… Ⅱ.①马…②娜…③胡… Ⅲ.①弗洛伊
德(Freud, Sigmmund 1856-1939)－哲学思想－少儿读物
Ⅳ.①B84-065

中国版本图书馆CIP数据核字(2020)第196332号

责任编辑　卜艳冰 汤 淼
装帧设计　李　佳

出版发行　人民文学出版社
社　　址　北京市朝内大街 166 号
邮政编码　100705

印　　刷　凸版艺彩 (东莞) 印刷有限公司
经　　销　全国新华书店等

字　　数　30千字
开　　本　720毫米×1000毫米　1/16
印　　张　4.125
版　　次　2022年1月北京第1版
印　　次　2022年1月第1次印刷

书　　号　978-7-02-016681-7
定　　价　42.00元

如有印装质量问题, 请与本社图书销售中心调换。电话:010-65233595

让小·柏拉图结识大柏拉图

——《小柏拉图》丛书总序

周国平

我喜欢这套丛书的名称——《小柏拉图》。柏拉图是西方哲学的奠基者，他的名字已成为哲学家的象征。小柏拉图就是小哲学家。

谁是小柏拉图?我的回答是：每一个孩子。老柏拉图说：哲学开始于惊疑。当一个人对世界感到惊奇，对人生感到疑惑，哲学的沉思就在他身上开始了。这个开始的时间，基本上是在童年。那是理性觉醒的时期，好奇心最强烈，心智最敏锐，每一个孩子头脑里都有无数个为什么，都会对世界和人生发出种种哲学性质的追问。

可是，小柏拉图们是孤独的，他们的追问往往无人理睬，被周围的大人们视为无用的问题。其实那些大人也曾经是小柏拉图，有过相同的遭遇。一代代小柏拉图就这样昙花一现了，长大了不再想无用的哲学问题，只想有用的实际问题。

好在有幸运的例外，包括一切优秀的科学家、艺术家、思想家等等，而处于核心的便是历史上的大哲学家。他们身上的小柏拉图足够强大，茁壮生长，终成正果。王尔德说："我们都生活在阴沟里，但我们中有些人仰望星空。"这些大哲学家就是为人类仰望星空的人，他们的存在提升了人类生存的格调。

对于今天的小柏拉图们来说，大柏拉图们的存在也是幸事。让他们和这些大柏拉图交朋友，他们会发现自己并不孤独，历史上最伟大的头脑都是他们的同伴。当然，他们将来未必都成为大柏拉图，这不可能也不必要，但是若能在未来的人生中坚持仰望星空，他们就会活得有格调。

我相信，走进哲学殿堂的最佳途径是直接向大师学习，阅读经典原著。我还相信，孩子与大师都贴近事物的本质，他们的心是相通的。让孩子直接读原著诚然有困难，但是必能找到一种适合于孩子的方式，让小柏拉图们结识大柏拉图们。

这正是这套丛书试图做的事情。选择有代表性的大哲学家，采用图文并茂讲故事的方式，叙述每位哲学家的独特生平和思想。这些哲学家都足够伟大，在人类思想史上产生了巨大而深远的影响，同时也都相当有趣，各有其鲜明的个性。为了让读者对他们的思想有一个瞬间的印象，我选择几句名言列在下面，作为序的结尾，它们未必是丛书作者叙述的重点，但无不闪耀着智慧的光芒。

苏格拉底：未经思考的人生不值得一过。

第欧根尼：不要挡住我的阳光。

伊壁鸠鲁：幸福就是身体的无痛苦和灵魂的无烦恼。

笛卡儿：我思故我在。

莱布尼茨：世界上没有两片完全相同的树叶。

康德：最令人敬畏的是头上的星空和心中的道德律。

卢梭：出自造物主之手的东西都是好的，一到了人的手里就全变坏了。

马克思：真正的自由王国存在于物质生产领域的彼岸，这就是人的解放。

爱因斯坦：因为知识自身的价值而尊重知识是欧洲的伟大传统。

海德格尔：在千篇一律的技术化的世界文明时代中，人类是否并且如何还能拥有家园？

汉娜·阿伦特：恶是不曾思考过的东西。

赫拉克利特：人不能两次走进同一条河。

维特根斯坦：凡是可以说的东西都可以说得清楚；对于不能谈论的东西必须保持沉默。

非常感谢费迪南德·谢勒

致所有在我身边思考的可爱的鱼

天空灰蒙蒙的，弗洛伊德教授看着窗外。贝尔加塞大街19号的公寓太大了，不然就是太小了。是的，就是这样。"公寓太小了。"教授一边想，一边解开衬衫领子。维也纳也是，维也纳这个城市太小了。世界，我们就不要讨论它了！人类的思想。对了，就是它了！人类的思想太小了！不然就是太大了。

"马上会下雨了吗?"教授咕哝着，回到了具体的事情上来。

从巴黎回来的这几年期间，他总是担心维也纳春天的阴晴不定。

然而，还是要出门，就像法国人说的，"给头脑透透气"。但是这位教授最近写了一篇关于大脑解剖的文章，他很清楚让大脑暴露在户外是非常不好的征兆。

"这是一种表达，"夏尔科教授让他放心，在这位严肃的年轻的奥地利学生面前，夏尔科教授一直带着有点嘲讽的语气，"放轻松，我亲爱的西格蒙德！从来没有人想要您剖开头骨，打开大脑。如果您更能接受的话，这是一种说话的方式。"

确实，西格蒙德·弗洛伊德更能接受"说话的方式"。

"为了说话方式的说话方式，我倒是愿意把世界上所有的大脑都打开！"

这位年轻的学生剖开脑膜，连接突触，划开大脑皮层，然而这都是白费力气：大脑像手风琴那样展开，大脑又马上合拢起来。每次教授都会在一边唱着新的而且奇怪的歌曲。有时，在晚上，弗洛伊德教授梦到自己在人脑错综复杂的脑回结构中寻找出路。但他总是会迷路，他祈求神话中的诸神，甚至是阿里亚娜，给他一条线索。然而还是一场空，教授还是在一遍一遍地寻找着。

"我觉得自己太渺小了。"最后他瞥了一眼挂在诊所里的导师的照片，说道。

照片上夏尔科教授抱着一个在催眠状态下的病人。所以是否应该催眠病人，让他们就像在梦境中那样，直到说出是什么东西让自己生病？这招有时管用，但有时又不管用。还有其他打开大脑的方法吗？

说话的方式……

教授在脑子里听到导师夏尔科的声音……如果夏尔科没有下最后定论呢？弗洛伊德教授砰的一声关上诊所的门，震得墙壁上的画和那张著名的照片直颤抖。

当他蹲下身子去穿鞋时，他发现鞋带的结缠住了。他突然想起了他那根被遗忘在门厅壁橱里的旧钓竿。

"去钓一次鱼！"他像个孩子一样高兴地跳起来，"真是好长时间没去钓鱼了！"

弗洛伊德教授把鱼竿扛在肩上往池塘走去。

走路时，人们会不一样地思考。在钓鱼时又是另一回事。教授总是喜欢用和人类不一样的方式思考。

当他看到一只在水面上嬉戏的两栖动物时，他想着："我们不会像一只从一朵睡莲跳到另一朵睡莲上的青蛙一样思考。"

他把钓鱼竿上的线圈展开，让线变软、变松。

"正是这样，"他低声笑着说，"我们思考的过程就像展开钓鱼竿上的线一样。我们的想法是一个接一个相互关联的。"

他把浮子扔到池塘的最远处，那里的河岸正好被水浸没。这时的水似乎在回应他的想法：

"比如，因为你的鞋带，你有了去拿钓鱼竿的想法。"

教授环顾四周，惊呆了。

"谁说的？"

TIPS　让-马丹·夏尔科（1825年—1893年）

　　19世纪法国神经学家、解剖病理学教授。他在今天最为人所知的是关于催眠和歇斯底里症的研究，他的工作极大地影响了现代神经学和心理学领域的发展。1885年，西格蒙德·弗洛伊德来到巴黎萨彼里埃医院跟随夏尔科学习，夏尔科运用催眠试图发现歇斯底里症的成因，让弗洛伊德第一次看到了精神刺激对于身体的控制作用，激发了弗洛伊德对神经症的心理起源的兴趣。

好像这个声音来自于浮子漩涡周围散开的那些水波。

"没关系，"那个声音回答，"重要的是你在这里说的话！你能稍微想象一下吗？从线到鳗鱼，今天我想到的东西可以追溯到我的第一个思想！"

池塘上空一片寂静。教授仔细观察小水波的褶皱表面。但是灰色的天空和灰色的水交融在一起。"边界在哪里，这个声音在哪里说话？"一只绿色的青蛙从睡莲上跳进水里，一边叫："呱。"

"我的第一个思想可以追溯到什么时候？"小声音问道。

"这是个大问题。"教授叹了口气，他突然忘记了他甚至不知道自己在和谁说话。

在池塘中央，他钓竿的浮子开始下沉。

"以鳕鱼的名义保证，有鱼在咬钩！"教授喊道。

那个奇怪的小声音就好像牙缝里卡了什么东西一样，更夸张地喊道："当然有鱼在咬钩了。"

教授把线拉回来，一条几磅（1磅等于0.45公斤）重的漂亮的鲤鱼跃出了水面。

"哦，哦！钓得真好！"他用一种贪婪的声音说道。

他往水里走去，把吊在钩子上的鱼取下来。

"那么，小声音，对此你怎么看?"

但是没有人回答。教授手中的鲤鱼动了动嘴唇，并没有发出声音。它毫不挣扎，盯着他。用不了多久，它就会被清理干净，然后乖乖地被摆在弗洛伊德家的盘子里。他松开手，把鱼平放在手里。

"好吧，走吧，"他低声对它说，"你为什么不跑?"

于是他弯下腰把它放回到水中。令他吃惊的是，鲤鱼回来轻抚他的手。

"你这条鲤鱼看起来好复杂啊。"教授惊讶地说。

"我在你手里感觉很好。"

跟教授说话的正是这条鲤鱼吗?

"这就是它！但是不可能，"教授解释说，"鲤鱼是发不出声音的……鱼可不会说话！"

"如果你说的是真的，那只有一个推测：你竟然能听到别人没说出来的话。"

目瞪口呆的教授坐在水里，甚至他自己都没有意识到这一点。他双手抱头，擦了擦眼镜，没有眼镜的话他什么也看不见。他为什么把这条鲤鱼放回水里？他真的想让这条鱼活下去吗？然而这条鱼却已经做好了百分百会死的准备了。

教授在海藻中寻找鲤鱼。

"我觉得它让我们有点鱼的小抑郁了……"

教授讨厌在不明白原因的情况下突然沮丧。再一次，他梦见了一个小窗口，通过这个小窗口他将找到可以使人类跳入水中的大脑节点，或是让忧郁的鲤鱼出来……

教授卷起袖子，钻入水中继续去寻找那个吸引他朝水底去的小声音。

他不必游得很远：在他面前，在海藻中，仿佛就有鲤鱼在等着他。有时他能看见它，有时它躲了起来。但他总是能听到鲤鱼很感兴趣地问：

　　"你能带我回去吗?"

　　"你为什么总是想方设法要被抓住！"

　　"我宁愿死在你的手里，也不愿一个人住在这冰冷的水里，"鲤鱼说，"本来不管怎么样你都是要把鱼带回家的?但你为什么要放我走?"

　　"这是弗洛伊德式错误……也许我不太喜欢那条鱼。也许我知道你有东西要教我?"

鲤鱼感到受宠若惊。它摆动得更漂亮了，同时还做了个奇怪的鬼脸。

"你为什么那样拧着你的嘴？"

"我牙疼得厉害，我想你的一段鱼钩卡在我嘴里了。"鲤鱼说。

里面的疼痛，这绝对是专门给教授的使命。

刚好，因为鲤鱼终于提议：

"想要我带你参观我的房子吗？"

教授犹豫了一下。一段时间以来，他一直试图让病人躺在沙发上，让他们说话。这是一个试验……但是，如果一条鱼仰卧躺着，这代表它没有多少活力了。于是，当鲤鱼向教授伸出鳍时，教授抓住了，就这样跟着它，让它带路。

教授和鲤鱼并排游了很长时间，沉默不语。他们悄悄地穿过水藻。很快，那像温暖的手一样沉入池塘的光线就再也照不到他们了。

突然，鲤鱼转过身来。尾巴左右甩来甩去，似乎想挡住它的客人。

"怎么了，鲤鱼?"教授好奇地问。

鲤鱼动了动嘴唇，但它的声音再次消失了。

"我感觉你的脸红了……"

教授说这句话的时候，鲤鱼的脸更红了。

"我很羞耻，很羞耻！我因为脸红而羞耻，我害怕……"

这些话像泡沫一样涌向水面。

教授皱了皱眉。他希望能够点燃一支雪茄，因为他总是借助雪茄帮助自己思考。但是如果烟丝湿了，就没用了。

TIPS　弗洛伊德式错误

　　弗洛伊德认为潜意识具有能动作用，它主动地对人的性格和行为施加压力和影响。弗洛伊德在探究人的精神领域时认为事出必有因，看来微不足道的事情，如口误、笔误和选择性遗忘等，都是由大脑中潜在的原因决定的，这些小差错被称为"弗洛伊德式错误"。

"你不是因为脸红而感到羞耻，而是因为感到羞耻所以脸红了，是吗？"

鲤鱼点了点头。它一句话也没说，它嘴里还一直疼着。

教授觉得"羞耻"这个事情很有趣。经常麻痹病人们的难道不正是羞耻吗？说实在的，甚至他自己是不是也经常被羞耻麻痹呢？

"如果你跟我讲你的羞耻的话，你在害怕什么？"教授尝试着，想拉鲤鱼一把。

但是鱼还是没出声。

教授还在思考。他捋了捋胡子，好像要解开横亘在鲤鱼和他之间的结。他想让鲤鱼放自己走……

"你知道，"他一边打哈欠一边说，想让鲤鱼觉得他说的这句话不重要，"羞耻永远不会把一条鲤鱼变成金鱼。"

鲤鱼的眼睛亮了起来。

"你带着你的羞耻，你还是你。我留着我的羞耻，我仍然还是我。如果我了解我自己的羞耻，我就能看到你的羞耻并且不妄加评论。"

鲤鱼的鳞片似乎又恢复了光泽。

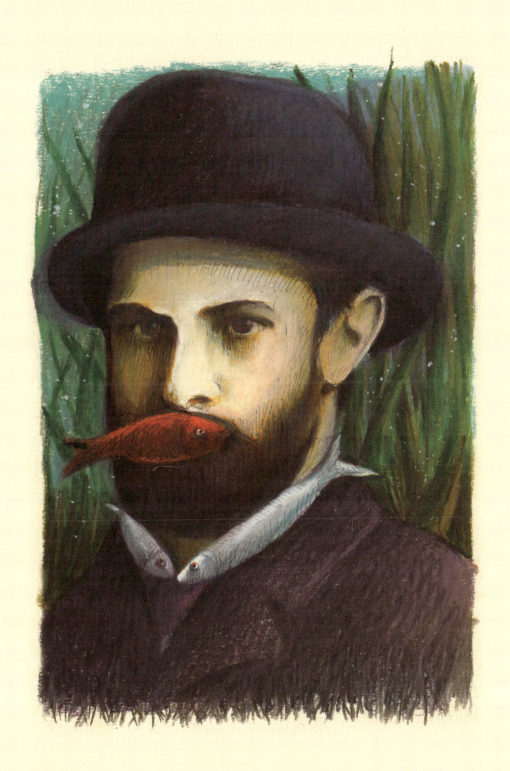

于是，鲤鱼又抓住了教授的手，把他带到了更深的地方。到了水底，鱼沉到泥里去了，只有眼睛从池塘底部的烂泥中冒出来。

"你看，就是这儿，这儿就是我的房子，它很脏。"鲤鱼用很小的声音说。

"它不脏，只是很黑。我们看不太清楚……"

"但我更喜欢这样。"

"你更喜欢不看清楚吗？"教授继续问道，他从口袋里拿出一本小笔记本，在里面列出了一些谜语和发现。

鲤鱼闭着嘴，没有反驳。教授在他的笔记本上偷偷地写道：

羞耻=淤泥

黑暗的地方=更喜欢不看清楚

"有了！"他突然想到了。很清楚了！若有人羞耻，他肯定会把羞耻带到一个隐秘的、别人不能到达的地方，免得有人来审判他的羞耻。他会把它埋在淤泥里，然后……

但有些地方不对劲……鲤鱼应该把它的羞耻留在泥里，然后回到水面上来生活！没有人，即使他是一条鱼，也不能忍受整天在他的羞耻当中苟活……

鲤鱼在淤泥中沉得更深了。很快，甚至它的眼睛也会被淹没。是时候做点什么了！

"它在我面前感到羞耻，"教授想，"如果我站在它后面呢？如果它没看见我呢？如果我轻声说话，就好像在它脑子里的一个声音一样……如果我这样说话的话，对它来说也许会更容易些。"

教授轻轻地绕过鲤鱼，坐在它身后，坐在淤泥里露出的一块小岩石上。

他用一种单调的声音大胆地说："让我吃惊的是，你居然咬住了钩……"

鲤鱼最终会接上教授的话吗？几分钟后，我们听到来自池塘底部的淤泥里传来的喃喃低语。

"我不知道……有一个小钩子在我头顶上闪闪发光。它就像戴在你手上的戒指一样闪闪发光……所以我想把它吞下去。"

教授看了看他手指上的结婚戒指。他和玛莎结婚已经五年了。他想起了结婚那天。他想起了他的大女儿玛蒂尔德，她快四岁了，还总是想爬到他膝盖上来。教授在幻想着，他的思想就像海藻一样波动起伏着。但是突然他想重新集中注意力，回到我们的鱼上来。毫无疑问，用这条鲤鱼，他钓到了一个有趣的数字。

"在咬上这个钩子的时候你不害怕死亡吗？"

"哦……"鲤鱼声音更低沉了，"我那时在想，如果我死了，也许会更容易些。"

"我们的灵魂扭曲了。"教授想。

在他短暂的一生中，他已经听够这样的话了，以至于他认识到每个人身上都有着许多矛盾。我们什么也不要，只想活着，可是同时，我们又猛冲着要去死！

"当然，死亡会让事情变得简单。但它也应该会使事情变得更无趣。"教授试图让他这条忧郁的鲤鱼走出困境。

这条鱼似乎对哲学推论无动于衷，并且还表现得非常冷漠。

"死亡的冲动，这是一个严重的问题。"教授想。

他卷起袖子，在笔记本上写下：塔纳托斯（死亡）。他喜欢用希腊语。他感觉希腊单词比其他单词的含义更广，就像灯塔一样，能把光明带到人类无法到达的地方。塔纳托斯，当我们停止呼吸的时候，来临的不仅仅是死亡。它也是在生命之上的死亡的蒸发，这是一种渗透进了生者世界的力量，它摧毁了他们所有的冲动。就像厄洛斯这个词。当你选择一个爱人的时候，你得到的不仅仅是爱。它也是你没有选择的东西，一种火山，一种疯狂的欲望：想要去打动某人，想要完全属于他，哪怕以死为代价。

"厄洛斯，塔纳托斯。塔纳托斯，厄洛斯。"教授重复着这些话，嘴唇几乎没动。

在他的脑海中，这两个词的切换速度如此之快，以至于最后，他再也无法将它们区分开来。他花了一点时间才意识到，鲤鱼刚刚说出了一个小句子，这个句子的含义比所有鳗鱼中最长的那条鳗鱼都要深长。

"你的声音和我爸爸的一样。"鲤鱼刚刚说。

"厄洛斯"和"塔纳托斯"在教授的脑海中激烈地碰撞着。

"你的胡子也和我爸爸的一样，我爸爸那时很漂亮。"

教授脸红了，从来没有鱼对他说过这么好听的赞美的话。坦率地说，从来没有鱼赞美过他。尽管这样，教授还是指出，鲤鱼用未完成过去时来谈论他完美的父亲。

"你为什么说它那时很漂亮?现在不漂亮了吗?"

"我不知道，"鲤鱼说，"我不知道它后来怎么样了……"

"以鳕鱼的名义保证，"教授想，"我们抓住一条大鱼，和这位消失的爸爸。诗人不是常常以他们的方式说，童年在我们每个人身上留下不可磨灭的痕迹吗?但如何让鲤鱼从自己的记忆中去汲取一些信息呢?一切都看起来那么遥远，那么深邃，那么深奥……"

TIPS　塔纳托斯和厄洛斯

塔纳托斯是古希腊神话中的一个人物，死亡的化身。厄洛斯是古希腊哲学中的一个概念，指的是感性或热情的爱。

教授看了看他的脚，正深陷在淤泥里。所以他在想，如果它在下沉的话，它就是无底洞。突然间，他感到他脚下的地下世界呈现出了一些奇怪的景象。有些地方的污泥已经变得透明。我们可以看到透明的淤泥之下的景象，就像童年时代山上那些湖泊的湖底一样。一个大胆的小男孩在里面学游泳。

　　"还记得我刚刚在河岸上说的话吗?"教授轻声地说，好像被这些转瞬即逝的景象催眠了，"思想的故事就像钓鱼竿上的线一样展开。当我在说的时候你肯定就明白了，如果我们顺着这条线下去，它就能引导我们，直到找到我们最初的思想……"

　　教授对着鲤鱼的鳃瓣说出了这些话。然后，他继续说道:

　　"如果我们两个都顺着这条线下去呢?说话的方式，当然了……"

沉闷的寂静像池塘深处的风一样吹过。教授觉得他的脚就像在流沙中一样在淤泥里陷得更深了。所以他会去找刚才看到的那个小孩吗？

他面前的鲤鱼，尽管一句话也没说，但是因为嘴唇不断地在动，所以嘴里全是泥。它什么都不记得了，它是在教授手里的时候想起了自己的爸爸，但其他一切都陷入了它不知道的深渊里。当我们不记得的时候怎么去回忆呢？

然后鲤鱼抓住了教授递给他的线，线的末端还有一个银色的小圆圈。

"它在我头顶闪闪发光，"它重复道，"我从未见过如此闪耀的东西……事实上，有一次。那是……是妈妈的戒指。妈妈……她那时在鳍上戴了一枚结婚戒指……"

但是记忆的线突然断了。为了更好地观察，教授把它的结婚戒指取了下来。那里面刻着他妻子的名字：玛莎，还有日期：1886年9月13日。

与此同时，鲤鱼的嘴唇静静地一张一合。泥沙流进它的嘴里，这让它很痛。那真的是一小段钓鱼钩吗？仔细想想，它以前就感觉到痛了。在咬教授的钩之前……但是当它说话的时候，泥沙出来了，这时候就没那么痛了。抓住这根线。结婚戒指，妈妈，淤泥。是的，就是这样，线把它带到了那里。

　　"有一天，妈妈的结婚戒指滑脱了。我们在水面上，正在吃昆虫。我们看到戒指沉入水底。爸爸冲过去抓住它，但它离戒指还太远了，戒指消失在海藻中间。"

　　"我们三个找了很长时间。妈妈哭得很厉害。夜幕降临时，爸爸握着妈妈的鱼鳍，试图说服它回到我们睡觉的空树干上。当爸爸妈妈开始向家游去的时候，我看到泥里有什么东西在闪闪发光。"

　　"我看着父母互相握着鱼鳍离开。不知道为什么，我在生妈妈的气。我责怪妈妈，因为爸爸只想着妈妈和妈妈的悲伤。所以……我没有把戒指还给妈妈，而是把它吞了下去。让妈妈永远也找不到。"

教授记下了一切。与此同时，他眼前忽明忽暗……在他的脚下，他自己的妈妈，阿玛莉亚的裙边在水里飞舞着。她穿着一件像帐篷一样的衣服，大家可以在那下面藏起来。年轻的西格蒙德很难接受，在他妈妈的裙下，还有六个孩子跟在他身后走出来。那不是金子做的小小的西吉吗？其他都是赝品，赝品！

教授让结婚戒指在两根手指之间转动着，以前的嫉妒刺激到了他。玛莎，1886年9月13日。就是这样结下了亲：新郎将妻子的名字刻在戒指上，新娘将丈夫的名字刻在戒指上。

还要过多久，这一切才能在教授的头脑里释然？在他的笔记本上，笔记像一阵旋风，把他的思想交织在一起。鲤鱼的话语，他自己的回忆。

希腊人曾用俄狄浦斯王那错综复杂的故事这样说过：小男孩们爱上了他们的母亲，把他们的父亲视为竞争对手。小女孩们爱上了她们的父亲……教授想这就是为什么我的鲤鱼吞了它妈妈的结婚戒指。它想要让它完美的爸爸只属于它自己一个……

没有必要去解剖大脑，去倾听病人就够了！他们总是说简单明了的事实……每个人都按照他自己说话的方式。

教授因为这个发现而跺着脚，鲤鱼时不时轻轻咳嗽一下。它试着靠鱼鳍来把自己从淤泥里抽身出来。

这条鱼确实应该从那里出来，教授想。他应该跟它讲俄狄浦斯王的故事吗？对一条鱼来说这个故事可能有点难理解。于是教授为它留下了这个故事，他只需要以后再写一本书就好了。这时，他回到了鲤鱼身边，向它伸出手来。

"在你出生之前，我就知道会有一条小鲤鱼来我这里，它非常爱它的爸爸，它吞下了它妈妈的结婚戒指……"

"所以为了提前知道这一切，你去和上帝交谈了吗？"

教授笑了笑。鲤鱼把鱼鳍放在教授手里，从泥里冒了一点头出来。

它一边摇晃着身上的鳞片，一边说："我全忘了，我还是有点羞耻……"

"我们忘记那些让我们难以忍受的东西，让我们害怕的东西，那些痛苦或让我们感到耻辱的东西……我的鲤鱼，你把这一切都埋在泥里，这很正常。"

它的嘴仍然有点疼，但鲤鱼似乎准备跟着教授游到水面……

突然，他们听到一声尖叫。

"呱呱，'本我'没有爬到我的睡莲上去，'本我'！"

"我……我不知道。我可以把'本我'放在我的睡莲上……"一个小小的声音犹豫地说道。

"呱呱，呱呱，如果你那样做，你会下地狱的！"

教授抬头看水面。他注意到一只青蛙想从水里出来，但是都没成功。每次它接近目标时，另一只青蛙就会用一只愤怒的爪子猛敲它，让它掉到水里去。

"又来了！"鲤鱼觉得很好玩。

"你认识它们?"教授很惊讶，他问道。

教授和鲤鱼的眼睛露出水面，朝着浮动的睡莲望去。

"每天都是这样，"鲤鱼叹息道，"'本我'试图爬上睡莲，'超我'就给它一拳，'本我'往后退，'自我'不知如何是好。"

教授沉浸在自己所做的一大堆笔记和草图里，他评论道："这真有趣，它们的名字真的是这样吗?"

"其中一个叫'本我'，严肃的那个的叫'超我'，犹豫的那个叫'自我'。"鲤鱼说，它觉得教授理解起来有点慢。

从这里到那里只有几个睡莲的距离，争吵又开始了。

"'本我'没什么事情要做！'本我'必须待在泥里。我已经警告过大家了！""超我"用一种权威的声音坚持说道，"'本我'甚至不是一只青蛙，它只不过是一只青蛙和一个深海生物之间的呱呱叫声……它是从深渊里出来的，仍待在深渊里。""超我"最后用洪亮的嗓音抱怨道。

而"本我"再次从水里探出头来。

"为什么，为什么?"它叫道，然后被它同类巨大的爪子扑倒在水下。

"'本我'叫的声音甚至都跟我们不一样……"

"我只是说'本我'可能在我们中间有一席之地……"另一只青蛙胆怯地说。

"哦，那个！应该略过'自我'！"

"你到底为什么责怪你的朋友?"最后,鲤鱼走近两只青蛙问道。

"'本我'不是一只青蛙。"第一只青蛙带着厌恶的表情回答。

"要我说的话……其实还算是只青蛙,对吧?"第二只青蛙谨慎地反驳道。

"哦，不！'本我'总是想盯着我们大腿之间看，'本我'真的是一点也不礼貌的青蛙。"

"所以，我想说：它是一只青蛙，但它是一只没礼貌的青蛙。"纠结的青蛙以一种稍微肯定的声音总结道。

鲤鱼回到教授身边，教授爬到一块岩石上继续做笔记，非常专注。

"太好了！"他终于惊呼道。

教授把笔记拿给鲤鱼看，热情地说：

"青蛙之间发生的事正是我们每个人身上发生的事，我的鲤鱼！"

鲤鱼两只睁得大大的眼睛露出水面，它张大嘴巴听着教授的话。

"我们都有一个想要朝大腿之间看或者想看妈妈们的裙底的'本我'……"教授一边回忆起年轻时的西吉曾经做过的事一边补充道，"当我们还是孩子的时候，一个'超我'告诉我们这是被禁止的！于是，'本我'羞愧难当，被推回到淤泥里……"

"而'自我'站在中间，不知道该听谁的……它让我们的大脑里有很多结，所有这些……"鲤鱼补充道。

"正是这样！"教授很高兴能找到这样一位眼光敏锐的学生。

鲤鱼觉得这很有趣。教授明白，他刚刚在池塘里发现的深处的心理学，正是灵魂的心理学！

就像我的导师夏尔科说的，整个事情就是"它并不妨碍存在"……

突然，鲤鱼开始做鬼脸和咳嗽。它终于吐出了这个卡在它嘴里的小东西：结婚戒指！鲤鱼妈妈的结婚戒指。教授用两个手指抓住了它。

"好像是卡在喉咙里了！"

鲤鱼扭动着，总算松了一口气。它可以回家把结婚戒指还给妈妈。有一天，它也会结婚。它们会生下很多小鱼，它的丈夫将会成为小鱼们的完美的爸爸。

"可以说，这给我们添了很多麻烦。"鲤鱼开玩笑地说。

"说话的方式。"教授和鱼会心地异口同声道。

夜幕降临了。教授纵身一跃，从岩石上跳下来，朝河岸走去。鲤鱼朝他游过来。

"你要走了吗?"鲤鱼问，它的两只眼睛从水面上冒出来。

"我还有活要干，我要回家……"

"你会记得我吗?"

在河岸上，教授正以超乎寻常的速度擦干自己身上的水。

"我当然会记得你！"

鲤鱼似乎放心了。

"再多待一会儿，再给我讲一个故事！"

"但很快就要天黑了……你再也见不到我了。"

"没关系，"鲤鱼说，"当你说话时，一切就清楚了……"

TIPS　自我、本我、超我

　　弗洛伊德提出人的人格由这三部分组成，人的一切心理活动都可以从它们之间的联系中得到合理的解释。"本我"是人最为原始的、本能的欲望；"自我"代表理智和常识，会按社会规则来压抑"本我"的非理性冲动；"超我"是人格中最高级的、道德的心理结构，会自我规范、自我惩戒。

那天，从某种意义上说，是教授发现精神分析的那一天。

　　"最可靠的打开大脑的方法就是顺着话语的线索寻找，"他一边看着鲤鱼游进黑暗的水中，一边想，"说话的方式……"

　　他把鱼竿的线重新绕回去。到钩子边时，他凝视着这个弯曲的小零件。

　　"说话的方式！"他对一个在他身边钓鱼的老人重复了一遍，老人似乎没有注意到教授刚刚在水上所做的这些斡旋，"我们说话的方式是一个钩子，它会把我们压抑的东西从意识表面拉出来！"

　　老渔夫漠然地耸了耸肩。

　　这位教授对自己说，人类的心理浩瀚无穷，即使用整个一生去探索也永远不够。

　　回到家，他收起手术刀，决定永远不再使用它。

今天，西格蒙德·弗洛伊德已经很老了，甚至他的长沙发椅也开始累了。他竭尽全力写了一篇叫作《有限分析》或《无限分析》的文章。

"一个隐晦难解的主题。"他不由自主地叹了口气。

但是他以为自己说的是"广博的主题"，他的嘴巴喜欢和他玩恶作剧的游戏，所以也和他玩起了这个词的游戏。我们会触碰到人类潜意识的深处吗？教授发现，在淤泥里，总是有一块露出来的岩石，一块任何话语都不能摧毁的"起源岩石"。

所以他愤怒地潦草地写下这个奇怪的印象……在精神分析学中，有时就像在"对鱼说教"。

对鱼说教，这是一个有趣的表达，西格蒙德·弗洛伊德瘫坐在桌子上想。他为什么写下这个？他记得帕多瓦圣安东尼的一首诗，他的朋友古斯塔夫·马勒把这首诗谱成了音乐……

第二交响曲的第三乐章……"在一个安静而流畅的乐章中……"

但这时教授的思想，却像流动的水一下子被水闸拦住了那样停了下来。

在这些年他所学的所有知识中，教授记住了一件重要的事情：为了追踪线索，当它可能断掉的时候，梦是最好的工具。所以，一小会儿瞌睡将不会让他痛苦。

教授躺在沙发上，眼皮像电车的车门一样紧闭着。他很快就来到了入口，在那里他的脚被线缠住了。他以为自己跌倒了，但突然一条大鱼过来支撑住他。

"还记得我吗？"一个小声音问道。

"哦，"教授想了想，用指尖捋了捋胡子，"你不是……鲤鱼吗？"

鲤鱼用鳍抓住教授的手，把他拖进一个圆圈。教授大笑起来：

"啊！我的鲤鱼。在这个春天里，我很高兴有机会再见到你！你想去参观我家吗？"

鲤鱼带头游进了教授的办公室。它看了看教授的著作。

"哦，哦，你是在说我吗？它问道，它发现教授刚才写了一个谜一般的句子。"

教授脸红了。他不知道说什么。他那个时候很生气，写下了这个"对鱼说教"的故事。

"这是一种说话的方式。"他解释道。

"好吧……你和我，我们知道一切都是一种说话的方式……"

鲤鱼从教授嘴里拉出一根线，一边展开一边说："有趣的是知道你为什么要写这个东西而不是其他东西。"

然后，精疲力尽的教授朝他的沙发走去，躺了下来。他闭上眼睛，哼唱着他的老朋友马勒的曲调，重复着帕多瓦圣安东尼的话：

帕多瓦圣安东尼前来布道

发现教堂空荡荡

他去了河边

对鱼讲道

它们张大嘴巴

它们拍打尾巴

仔细倾听

在阳光下闪耀

没有任何说教

鲤鱼和卵

让鲤鱼如此欢欣

全都来到

布道结束

大家各自回去

它们喜欢讲道

可它们却和以前一样

教授在歌的最后叹了口气："这就是令人沮丧的地方。我的病人们，他们还和以前一样！"

"你看，我，还有你，这就是我喜欢的。我很高兴自己仍然还是一条鲤鱼，"鱼离开时喃喃地说，"一条说话的鲤鱼……"

　　当教授睁开眼睛时，他最先看到的是天花板上的一个小裂缝。所以，当他的病人躺在床上的时候，他们看到的一直是这个开裂的白色天花板吗？

　　"我梦见了什么？"教授一边问一边整理他的胡子。

　　他在沙发上坐了起来，揉了揉眼睛。

TIPS　《梦的解析》

　　《梦的解析》是弗洛伊德的代表作，也是精神分析的奠基之作。弗洛伊德认为梦是了解人的潜意识的重要途径，他从心理学角度对梦进行了系统研究，认为梦是一个愿望的满足，梦中的一切都是自我潜意识不同方式的呈现。通过对病人梦的分析能找到解决他们问题的答案。

　　突然，他觉得自己看到一个影子从门缝里偷偷溜
了进来，就像一条鱼在水中游过的影子。

　　"一条说话的鲤鱼。"他重复地听到了这句话。

　　很快，西格蒙德·弗洛伊德就走到了生命的尽头，
他只是在想，他很高兴自己仍然还是西格蒙德·弗洛
伊德。一个和鱼说话的西格蒙德·弗洛伊德。